U0261757

2018年度国家出版基金项目

AR全景看·国之重器
人造卫星

郑 军 著 / 庞之浩 主编 / 张 杰 总主编

北方联合出版传媒（集团）股份有限公司

辽宁少年儿童出版社

沈 阳

© 郑 军 2020

图书在版编目（CIP）数据

人造卫星 / 郑军著 ; 庞之浩主编. -- 沈阳 : 辽宁少
年儿童出版社, 2020.6
（AR全景看·国之重器 / 张杰总主编）
ISBN 978-7-5315-8404-9

Ⅰ.①人… Ⅱ.①郑… ②庞… Ⅲ.①人造卫星—中
国—少年读物 Ⅳ.①V474-49

中国版本图书馆CIP数据核字（2020）第085749号

人造卫星
Renzaoweixing
郑 军 著 庞之浩 主编 张 杰 总主编
出版发行：北方联合出版传媒（集团）股份有限公司
　　　　　辽宁少年儿童出版社
出 版 人：胡运江
地　　址：沈阳市和平区十一纬路25号
邮　　编：110003
发行部电话：024-23284265　23284261
总编室电话：024-23284269
E-mail:lnsecbs@163.com
http://www.lnse.com
承 印 厂：中华商务联合印刷（广东）有限公司

策　　划：张国际 许苏葵
责任编辑：王晓彤 薄文才
责任校对：段胜雪
封面设计：精一·绘阅坊
版式设计：精一·绘阅坊
插图绘制：精一·绘阅坊
责任印制：吕国刚

幅面尺寸：210mm×284mm
印　张：3　　　　　字数：60千字
插　页：4
出版时间：2020年6月第1版
印刷时间：2020年6月第1次印刷
标准书号：ISBN 978-7-5315-8404-9
定　　价：58.00 元

版权所有　侵权必究

AR使用说明

1 设备说明

本软件支持Android4.2及以上版本，iOS9.0及以上版本，且内存（RAM）容量为2GB或以上的设备。

2 安装APP

①安卓用户可使用手机扫描封底下方"AR安卓版"二维码，下载并安装APP。

②苹果用户可使用手机扫描封底下方"AR iOS版"二维码，或在APP Store中搜索"AR全景看·国之重器"，下载并安装APP。

3 操作说明

请先打开APP，请将相机镜头对准带有 AR 图标的页面（P12），使整张页面完整呈现在扫描界面内，即可立即呈现。

4 注意事项

①点击下载的应用，第一次打开时，请允许手机相机访问"AR全景看·国之重器"。

②请在光线充足的地方使用手机扫描本产品，同时也要注意防止所扫描的页面因强光照射导致反光，从而影响扫描效果。

丛书编委会

总 主 编 张　杰

分册主编（以姓氏笔画为序）

　　　　刘　洪　　张星臣　　庞之浩　　赵冠远　　贾超为

编　　　委（以姓氏笔画为序）

　　　　刘　洪　　张　杰　　张国际　　张星臣　　庞之浩

　　　　赵冠远　　胡运江　　栗田平　　贾超为　　梁　严

　　　　谢竞远　　薄文才

主编简介

总主编

张杰：中国科学院院士，中国共产党第十八届中央委员会候补委员，曾任上海交通大学校长、中国科学院副院长与党组成员兼中国科学院大学党委书记。主要从事强场物理、X射线激光和"快点火"激光核聚变等方面的研究。曾获第三世界科学院（TWAS）物理奖、中国科学院创新成就奖、国家自然科学二等奖、香港何梁何利科技奖、世界华人物理学会"亚洲成就奖"、中国青年科学家奖、香港"求是"杰出青年学者奖、国家杰出青年基金、中科院百人计划优秀奖、中科院科技进步奖、国防科工委科技进步奖、中国物理学会饶毓泰物理奖、中国光学学会王大珩光学奖等，并在教育科学与管理等方面卓有建树，同时极为关注与关心少年儿童的科学知识普及与科学精神培育。

分册主编

刘洪：上海交通大学航空航天学院教授、博士生导师，主要研究方向为高超声速空气动力学理论研究、飞行器设计和飞行器多学科综合优化设计方法研究等。专著有《大飞机出版工程·民用飞机总体设计》，译著有《大飞机出版工程·飞机推进》《大飞机出版工程·航空发展的历程与真相》等。

张星臣：博士，北京交通大学交通运输学院二级教授、博士生导师，交通运输工程一级学科责任教授，北京交通大学高等工程教育研究中心主任，教育部高等学校教学评估委员会委员，教育部高等学校交通运输类专业教学指导委员会主任，中国工程教育专业认证委员会交通运输专委会主任。主要研究方向为铁路运输组织优化、城市轨道交通运营管理、高速铁路运输能力、现代综合交通体系等，主持完成自然科学基金项目、国家级863项目和省部级项目50多项，公开发表论文百余篇，出版《城市轨道交通运营管理》等著作多部，获国家级教学成果一等奖1项、二等奖2项，北京市教学成果特等奖1项、一等奖多项。

庞之浩：航天五院512所神舟传媒公司首席科学传播顾问，全国空间探测专业委员会首席科学传播专家，北京科普创作协会副理事长，中国科普作家协会常务理事，《太空探索》《知识就是力量》《中国国家天文》《科普创作》杂志编委，海淀区少年科学院地球与空间领域学科专家。独自创作的《太空新兵》《航天·开发第四生存空间》分获科技部2013年、2014年全国优秀科普作品奖。参与创作的《梦圆天路》获2015年国家科技进步二等奖。还出版了《天宫明珠》《宇宙城堡》《登天巴士》《太空之舟》《探访宇宙》等书。撰写的《国外载人航天发展研究》情报研究报告获国防科工委科技进步三等奖。担任执行主编的《国际太空》杂志获国防科技信息三等奖。

赵冠远：博士，北京交通大学土木建筑工程学院副教授、研究生导师，主要研究方向为桥梁工程、结构抗震等，近年来主持包括国家自然科学基金项目等在内的科研项目10余项，在国内外刊物上发表高水平论文20多篇。

贾超为：黄埔军校同学会二级巡视员，国际战略问题和台湾问题专家。对世界航母发展有较深的研究，发表有《中国的百年航母梦》《世界航母俱乐部大盘点》等多篇专业论文，参与完成《不能忘却的伟大胜利》等多部电视专题片，出版专著《日台关系的历史和现状》。

序

我国科技正处于快速发展阶段，新的成果不断涌现，其中许多都是自主创新且居于世界领先地位，中国制造已成为我们国家引以为傲的名片。本套丛书聚焦"中国制造"，以精心挑选的六个极具代表性的新兴领域为主题，并由多位专家教授撰写，配有500余幅精美彩图，为小读者们呈现一场现代高科技成果的饕餮盛宴。

丛书共六册，分别为《航空母舰》《桥梁》《高铁》《C919大飞机》《北斗导航》以及《人造卫星》，每一册书的内容均由四部分组成：原理部分、历史发展、应用剖析和未来展望，让小读者们全方位地了解"中国制造"，认识到国家日益强大，增强民族自信心和自豪感。

丛书还借助了高科技的AR（增强现实）技术，将复杂的科学原理变成一个个生动、有趣、直观的小游戏，让科学原理活起来动起来。通过阅读和体验的方式，引导小朋友们走进科学的大门。

孩子是国家的未来和希望，学好科技用好科技，不仅影响个人发展，更会影响一个国家的未来。希望这套丛书能给小读者们呈现一个绚丽多彩的科技世界，让小读者们遨游其中，爱上科学研究。我们非常幸运地生活在这个伟大的新时代，我们衷心希望小读者们在民族复兴的伟大历程中筑路前行，成为有梦想、有担当的科学家。

中国科学院院士

目　录

"斯普特尼克一号"卫星

第一章｜人造卫星

　　我们身边的金属材料不少来自人造卫星找到的矿藏，出行靠导航卫星导航，天气预报需要气象卫星的观测，大型超市调运货物时也会用人造卫星进行协调。

　　人类已经生活在一个不能离开人造卫星的时代。科学家要想观察深远广阔的宇宙，更是离不开人造卫星。

第一节
人造卫星

1 什么是卫星

　　按一定轨道绕行星运行的天体叫作卫星。我们地球只有一颗天然卫星月球。水星、金星没有卫星，火星有两颗卫星，目前已发现木星有63颗卫星，是太阳系中已知卫星数量最多的行星。（注：数据来源于2009版《中国大百科全书（第二版）》）

　　然而，把太阳系所有的天然卫星都加起来，数量也比不上人造卫星。

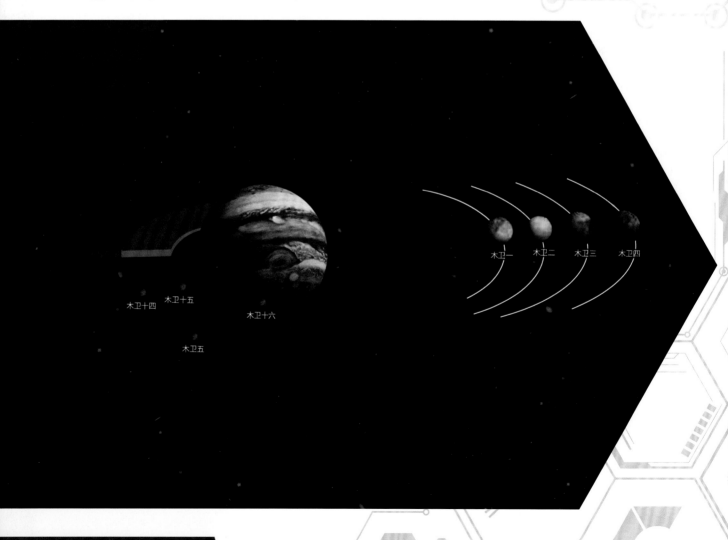

2 什么是人造卫星

　　由人类建造，用火箭发射到天空，按一定轨道绕地球或其他行星运行的人造天体叫作人造卫星。人类发射过环绕火星运行的卫星，但超过99％的人造卫星都是环绕地球运行。所以，人造卫星一般是指人造地球卫星。另外，人类还发射过绕太阳或其他地外天体的人造行星，它们也属于人造卫星。

人造卫星发射历史

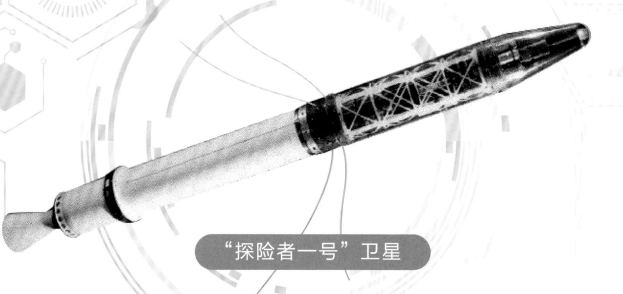

"探险者一号"卫星

1 世界人造卫星发射历史

　　1957年10月4日，苏联成功发射了"斯普特尼克一号"卫星，这是人类研制发射的第一颗人造卫星。

　　三个多月后，美国发射了"探险者一号"卫星。上面搭载的仪器在近地空间发现了辐射带。这是人类首次在太空中获得科研成果。

　　1965年11月26日，法国将一颗42千克的人造卫星送入太空。1970年2月11日，日本也加入了人造卫星发射这个大家族。

2 中国人造卫星

⚙ 首颗中国人造卫星

　　1970年4月24日，中国成功发射第一颗人造卫星"东方红一号"。前面提到的四国首颗人造卫星重量加起来，比它还少约30千克。"东方红一号"卫星发射使用的运载火箭，起飞时的总重量更是达到日本的9倍、法国的4倍，也超过了美国和苏联。这次成功发射预示着我国在航天事业中具有后来居上的潜力。

"东方红一号"卫星

⚙ 中国人造卫星的发射历史

　　1970年后，中国人造卫星发射的数量逐年增加，最初20年间发射30多颗，接下来十年增加到70多颗，现在已经发射超过300颗，稳居世界第二位。从几吨重的卫星，到电脑大小的微卫星，中国都能发射。而且，中国航天发射卫星的成功率居世界前列。

人造卫星的分类及系统组成

1 人造卫星的分类

　　截至2019年年底，全球共发射了数千颗人造卫星，包括3吨以上的大型卫星，1~3吨的中型卫星，还有小型和微型卫星。

　　按轨道高度来分，低于2000千米的叫低轨卫星，2000~20 000千米的叫中高轨卫星，往上是高轨卫星。此外，有的卫星飞经地球两极，称为极轨卫星。还有的绕地球一周正好等于地球自转周期，称同步轨道卫星。

　　按用途来分，可分为科学卫星、技术试验卫星和应用卫星。我们常用的导航卫星和气象卫星便是应用卫星。

2 人造卫星的系统组成

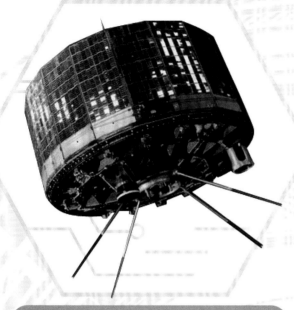

"泰罗斯一号"气象卫星

就像汽车能运载不同货物，卫星也分为平台和有效载荷两部分。平台要满足能源供给、温度保障、防辐射这些基本需求；有效载荷则"因星而异"了。天文卫星需要放望远镜，气象卫星需要装大气温度探测器，不一而足。

> **知识点**
>
> ### 科学卫星和技术试验卫星
>
> 把仪器搬上天进行观测，就成了科学卫星。有些卫星虽然在天上飞，任务还是观测地面，那些专门观测宇空的卫星，就叫科学卫星。
>
> 空间虽有"空"字，但是里面充满着看不见的射线和磁场，这些都是科学家们研究的对象。科学卫星在天上观测，不受大气层干扰，已经成为最好的空间观测方式。
>
> 某种新技术用于航天前要先试一试，太空环境不同于地面，必须在天上试。这就需要制造技术试验卫星。比如把人类送入太空前，先把动物送上去试验，用的就是技术试验卫星。

迄今为止，最大的科学卫星之一是"哈勃空间望远镜"，属于科学卫星的一种——天文卫星。自1990年发射后，它的观测成果已经发表了12 800篇论文，几次拿下诺贝尔奖。

"工欲善其事，必先利其器"。中国要想执科学之牛耳，必须在科学卫星上有所突破，掌握第一手信息。

第一节
地球空间双星探测计划

1 双星探测计划

太阳时刻向周围空间散发高能粒子，形成太阳风。好在地球有个强大的磁场，能屏蔽掉大部分，否则大气会被吹散，生命将无法存活。

即使有磁场保护，如果太阳风过于强劲，部分高能粒子仍然能穿透大气，袭击地面，造成电厂停电、通信故障等。

对人类如此重要的地球磁场，在地面上很难做全盘观测。地球空间双星探测计划就是一个研究磁层与太阳活动关系的项目。它由中国科学家提出，靠两颗轨道交叉的科学卫星，对地球周围空间进行详细的观测。

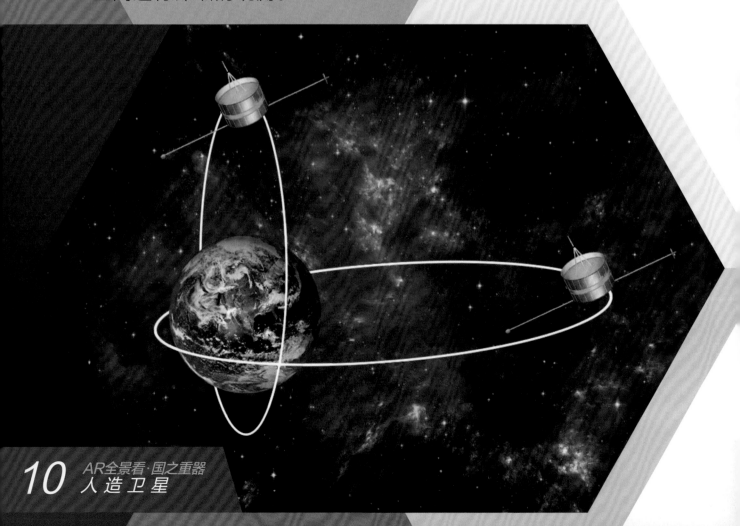

2 "探测一号"与"探测二号"

　　组成这个计划的"双星"，分别是运行在赤道区的卫星"探测一号"和极区的卫星"探测二号"。这两颗卫星都有300多千克重，属于小卫星，但是分别搭载了八台先进仪器。"探测一号"于2003年12月30日发射，"探测二号"的发射要晚半年，这也是中国首次发射高轨道卫星。

　　在轨期间，这两颗卫星分别探测了近地赤道区和近地极区。这是当时其他国家卫星尚未探测到的空间区域，由我国填补了这方面的空白。我国也通过这个计划建立起"星地联合观测系统"，大大提升了空间研究水平。

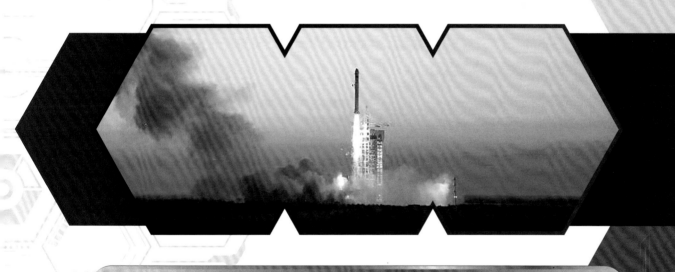

知识点

地球空间的六点立体探测

　　我国第一项与欧洲合作的"双星计划"（探测一号、探测二号）与欧洲航天局"星簇计划"——星团4颗科学卫星一起共6颗卫星，形成人类历史上对地球空间的第一次六点联合探测，获得了多空间层次和多时空尺度的大量宝贵的科学数据。这些观测数据与分析结果，为开启空间物理研究提供了有利的机遇和条件，也为中国今后多点卫星计划奠定了坚实的基础。

第二节
空间科学 "先导专项一期"

　　虽然中国发射过不少卫星，但是长期以来重应用、轻研究。空间科学研究的投资只占全球的百分之一，研究成果也只有五十分之一，一直以来，我国只能用别人公开的数据做二手分析。空间科学 "先导专项一期" 的目标就是填补我国空间观测领域的空白。

1 "悟空号" 暗物质粒子探测卫星

⚙ 神秘的暗物质

　　（1）暗物质——宇宙的重要组成部分

　　早在1922年就有人指出，宇宙间的天体要靠引力抱成团，所有天体的总质量应该比已知的多几倍，目前至少有85％的物质人类还观测不到。

　　当时，人们以为这是由于观测技术有限导致的。后来，人类陆续发明出红外线、X光波段等不同的望远镜，功率扩大很多倍，但仍然观测不到这部分物质。科学家们推测它们以低速运动，温度也很低，是一些又冷又暗的物质。

（2）暗物质的神秘性

在我们周围飘浮着冷暗的幽灵物质，它们时刻影响着我们，比可见物质多得多，但它们又不同于任何一种已知物质，而且怎么也找不到。

这种事情想想都很神奇。要么宇宙间真的存在某些未知物质，要么是现在的物理学从根本上就错了。而物理学又是科学的基础，于是，整座科学大厦都在动摇。解决暗物质问题，成为当今科学领域的重要课题。

⚙ "悟空"取真经

作为空间科学"先导专项一期"的重头戏，"悟空号"卫星挑战科学难题。它是专门探测暗物质粒子的卫星。由于该卫星的核心设备——BGOO量能器只有中科院能做出来，所以，这颗将近一吨半重的大型卫星是目前观测能段范围最宽、能量分辨率最优的空间探测器，超过国际上所有同类探测器，但它的重量只有国外同类卫星的五分之一。

虽然直接观测不到暗物质，但通过它们湮灭后形成的宇宙线，可以找到暗物质存在的间接证据。这就是"悟空号"卫星的工作原理。2015年12月17日，带着"火眼金睛"的"悟空号"卫星成功入轨。从此，它每天至少能从记录到的400多万个高能粒子中筛查出一个暗物质线索。

知识点

"悟空"天地大营救

　　2017年12月底，一束高能粒子击中"悟空号"卫星的某台计算机，导致它中止工作。中科院空间中心携手西安卫星测控中心联合行动，向卫星发出重启命令。经过19个小时的遥控抢修，"悟空号"卫星终于恢复正常工作。

　　恢复健康的"悟空号"卫星已经延长使用寿命到2020年。希望在此期间能找到暗物质存在的证据，驱散这朵"笼罩在物理学上的乌云"。

2 "实践十号"微重力科学实验卫星

⚙ "实践十号"的前世今生

空间科学"先导专项一期"共发射了4颗卫星，只有"实践十号"卫星需要返回地面。它是一座送入太空的实验室。

把实验用品送上天再收回来，观测它们在太空中发生了什么变化，这就需要返回式卫星。在"实践十号"卫星之前，中国已经发射过24个返回式卫星，搭载了很多实验。这次，3.3吨的"实践十号"卫星里面集中了19个实验项目，创下了新纪录。

"实践十号"卫星的返回舱只在太空中待了12天，然而，从立项开始，数百名科学家已为它准备了十年之久，充分反映科学研究的艰辛。

⚙ 发射与回收

　　为搭载更多实验器材，减少因振动而产生的干扰，"实践十号"卫星做了许多改进。例如，去掉了发射时包在外面的整流罩，不装太阳能电池板，减少各种不必要的配置。

　　为取得良好的实验效果，很多仪器不能提前放到卫星里面，而是在发射前突击装配，最晚的一个在发射前8小时才装好。这对发射组织能力提出了很高的要求。

　　完成任务后，卫星采用弹道式回收的方式返回。由于速度快，下降过程中无法做调整，因此必须在进入大气层前精确地选好角度。2016年4月18日，"实践十号"返回舱成功降落在四子王旗着陆场。

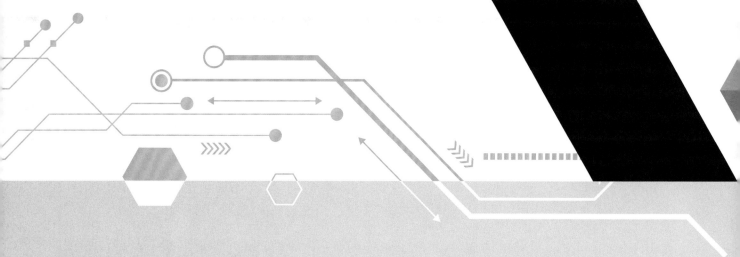

⚙ 微重力科学实验有多牛

火焰向上升，水往低处流。这些常见的现象都是重力在起作用。进入微重力环境，我们熟悉的很多现象都会发生改变。不同金属熔合得更均匀，能制取浑圆的滚珠，疫苗会在培养液里快速生长。

要在地面上获得微重力环境，通常是建高塔或者改造矿井，把实验器材扔下去成为自由落体。或者把飞机升到高空，关闭发动机做自由落体运动。

在地面上形成的微重力环境只能持续几秒到几十秒，只能做耗时极短的实验。像材料生长、生命变化之类的现象，动辄就要几天时间。而航天器一旦进入轨道，就会长期处于航天器派生出的微重力环境中，时间可以从几天到几年不等。所以，有些关键实验花再多的钱也要放到太空中去做。

⚙ "实践十号"卫星的"乘客"

在"实践十号"发射之前，我国也曾把微重力实验送入航天器。"实践十号"卫星是我国第一颗专为微重力实验制造的卫星，能尽量避免机动飞行造成的干扰，微重力条件比国际空间站还好。

要征服太空，人类必须适应微重力环境。"实践十号"卫星搭载了小鼠胚胎，在太空中存活12天后返回地球。这是人类首次检验哺乳类动物胚胎如何在微重力条件下生长，为人类移民太空做出先驱性研究。

"实践十号"卫星还把煤放到微重力条件里燃烧，得到的成果将应用于能源和环保事业。

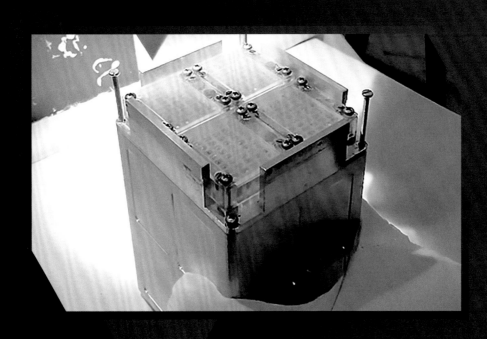

3 "墨子号"量子科学实验卫星

⚙ 全球首颗量子卫星

　　作为空间科学"先导专项一期"的前两颗卫星，"悟空号"卫星和"实践十号"卫星还只是填补空白。第三颗"墨子号"卫星则让我国量子通信领跑世界。

　　有时，一对粒子即使相隔很远，当其中一个的状态改变时，另一个的状态也会立刻改变，这种神奇的现象叫作量子纠缠。"墨子号"发射前，人类已经在100千米的距离上观测到量子纠缠。"墨子号"实现了太空与地面的量子纠缠，距离突破上千千米。基于"墨子号"卫星，我国突破了星地单光子时间传递、高速率星地双向异步激光时间应答器等关键技术，实现了量子安全时间传递的原理性实验验证，达到了国际先进水平，为未来构建安全的卫星导航系统奠定了基础。

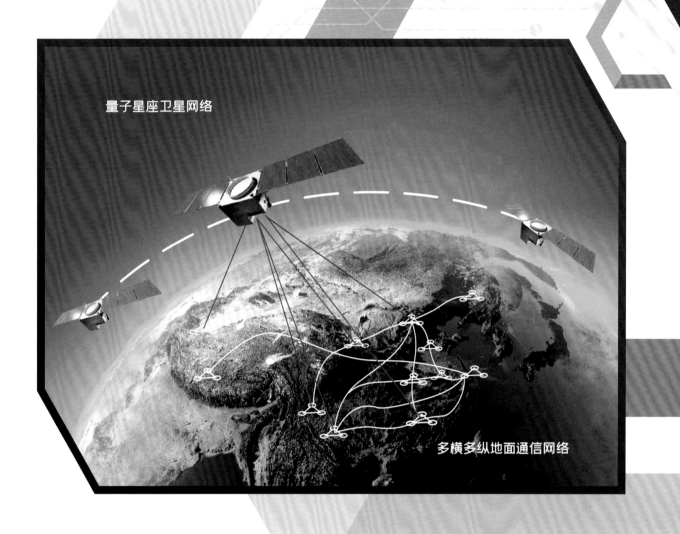

量子星座卫星网络

多横多纵地面通信网络

⚙ 量子星群

　　量子通信的最大特点就是可以进行无懈可击的保密通信，即量子通信保密性强、隐蔽性高、应用性广、时效性高（通信延时为零）。"墨子号"是用来检验量子现象的实验卫星，但信息传输量很少。在10～20年内，我们将发射数颗实用的量子通信卫星，构成天地之间量子通信的全球网络。

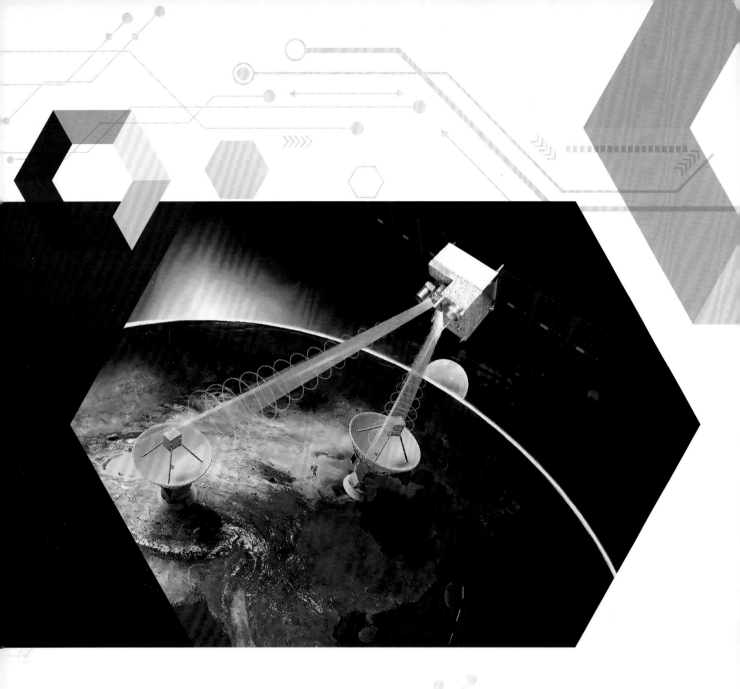

⚙ 无条件安全通信

　　量子通信是利用量子叠加和量子纠缠这两大"特异功能"以及量子的不可分割、不可精确复制这两个重要特性进行信息传递的新型通信方式。它不通过实物，避免信息中途被盗或者遭受干扰，做到彻底的通信安全。我国已经建成量子通信的京沪干线，"墨子号"卫星将把这张网推广到全球，中国首次靠技术在全球形成了新产业。

墨子

"墨子号"的命名

墨子被尊为"科圣",是先秦时期伟大的科学家。他所做的小孔成像实验和量子通信一样属于信息科学。墨子主张"非攻",他在军事上是一位防御大师,擅长各种守城技术。而量子通信的最大长处也是抵御攻击,保证信息安全。

用墨子为量子实验卫星命名,在科学上很贴切。更重要的是,以我国自己的先贤为卫星命名,体现了文化自信。

4 "慧眼"硬X射线调制望远镜卫星

⚙ "慧眼"卫星

2017年6月15日，一架望远镜被送上了太空。

和大家熟悉的望远镜不同，这颗被命名为"慧眼"的硬X射线调制望远镜卫星不观察可见光，所以没有镜片。它装载了高能、中能、低能三个X射线望远镜和空间环境检测器4个探测有效载荷，不仅能在不同能段同时观测一个天体，还可拓展进行γ射线暴、恒星爆炸、黑洞等探测；不仅能将宇宙事件从发生、发展到结束全过程的壮丽景象尽收眼底，还可看到这些壮丽景象出现时的时变过程是怎样的。目前，"慧眼"是国际上最大面积的硬X射线/软γ射线能段的探测器。

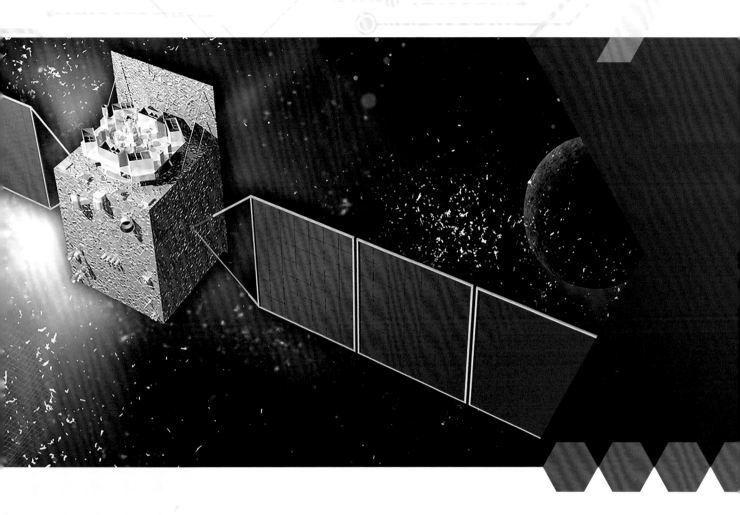

知识点

"慧眼"名字的由来

　　把硬X射线调制望远镜称为"慧眼"，除了形容它具有观测宇宙的慧眼外，还是为了纪念科学家何泽慧。这位女科学家生前专门研究放射现象，曾经在法国居里实验室中发现了铀的三分裂和四分裂现象，被尊称为"中国的居里夫人"。

　　何泽慧曾领导建立高山宇宙线观察站，研究高能天体物理。这些成果为在太空中进行硬X射线探测打下了基础。

⚙ "慧眼"要干这些大事

宇宙间存在着黑洞和中子星这类极端天体。它们密度极大，温度极高，能量极多。如果两颗中子星相撞，一秒之间便会释放整个太阳一生的能量，产生的伽马射线能贯穿百亿光年距离。

观察这类天体，有助于人类理解宇宙运行的深层规律。由于大气层有阻碍作用，地面上几乎不可能接收到来自宇宙的X射线，必须把探测器送入太空。

然而，边飞行边观测，"慧眼"必须能对观测目标进行精确定位，同时要躲开太阳照射，这都需要卫星有出色的姿态控制能力。

知识点

硬X射线

电磁波的波长越短，能量越高。硬X射线是指波长在0.01～0.1纳米之间的X射线。说它"硬"，就是因为其能量比软X射线高，穿透力更强。医院里做透视，用的就是硬X射线。

宇宙中的硬X射线通常由黑洞这类强辐射星体发射出来，能够穿透很厚的星云到达太阳系。所以，观察太空中的硬X射线，能够获得很多有关黑洞的信息。

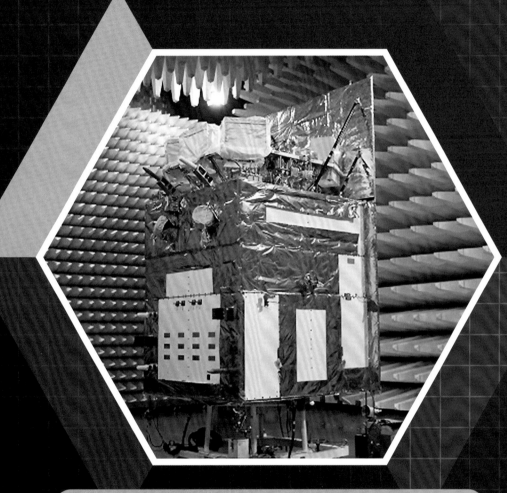

试验中的"慧眼"硬X射线调制望远镜卫星

第三章｜了不起的技术试验卫星

　　航天器发射前，要用便宜又简单的卫星对某些技术进行试验。比如返回式卫星技术运用前，就得先做回收试验。有些卫星技术，如太阳能电池板、姿态调整等，也需要在太空中反复试验才能使用。这种打前站的卫星就是技术试验卫星。

第一节
"实践九号"卫星

1 创新的"实践九号"

2012年10月14日，"实践九号"卫星在太原卫星发射中心成功升空。在此之前，这个基地就曾经20次使用一箭多星技术，加上本次，成功率达100%。

发射"实践九号"卫星，是为我国建设卫星通用平台积累资料。给每颗卫星单独设计并制造一个平台，既不经济，又消耗时间，更难以执行像军事、救灾这样时效性很强的任务。有了通用平台，制造卫星就像在流水线上制造家电，把有效载荷插上平台就行，大大缩短制造和发射时间。

2 地上试验天上做

研制新型航天器之前，要在地面上进行大量的试验，但是由于太空条件的不同，很多关键性试验要在天上进行才能更有效。"实践九号A/B"卫星主要用于卫星长寿命高可靠、卫星高精度高性能、国产核心元器件和卫星编队及星间测量与链路等试验，以此提升中国航天产品国产化能力。

3　电推进系统

电推进系统是"实践九号"卫星的科研重点。电推进系统与目前发射航天器用的化学推进系统不同。电推进系统不使用化学燃料，而是把能源和推进剂分开，用电能加热或电离推进剂，使其加速喷射而产生推力，就是一种把外部电能转换为推进剂喷射动能的火箭，所以又称点火箭。

电推进系统效率是化学推进系统的10倍，具有比冲高、寿命长的特点。

电推进系统

知识点

为什么分A、B双星

"实践九号"卫星其实是有A、B两颗卫星，因为它还有个重要任务就是研究卫星编队技术和星间链路技术。通过一箭双星技术准确入轨后，两颗卫星在几千米距离上互相跟随、绕行、练习试验卫星之间的通信和定位以及如何协调一致地观测目标。

将来，中国会发射大规模的集群卫星，十几颗卫星在太空中排兵布阵，共同执行任务。"实践九号"卫星为此做了前导研究。

第二节
脉冲星试验卫星

1 "宇宙灯塔" X射线脉冲星

　　某些比太阳还大的恒星衰老后会爆发，留下一颗致密核心，称为中子星。它的磁场强大，仅在磁极区向宇宙释放辐射。

　　中子星半径只有10千米到几十千米，而且飞快自转。如果地球正好处于某颗中子星辐射扫过的范围，会发现它有规律地忽明忽暗，很像脉搏。这样的中子星又叫脉冲星。它们的信号周期非常稳定，比原子钟还高一万倍。并且，它们相对于太阳系的位置比较固定。

　　发射航天器，地面要投入大量仪器和人力去跟踪。如果让航天器锁定脉冲星，自己确定位置，可以大大节省控制成本。如果航天器进入深空，远离地球，更需要靠星海中的天体去导航。脉冲星是首选的导航对象。

2 全球首颗脉冲星试验卫星

然而，用脉冲星导航的想法长期停留在理论上。直到2016年11月10日，中国人把它向现实推进了一步。

这天，世界上首颗脉冲星试验卫星在酒泉升空，它可观测蟹状星云脉冲星。这颗星距地球6300光年，每秒自转30次。

知识点

宇宙中的导航网

1054年，中国宋代天文学家观察到一颗超新星，称为"天关客星"。蟹状星云就是它爆发后的遗迹，并在1731年由英国一个天文爱好者记录到。观察这颗超新星，也让我们与先人的工作有了交汇。

通过对它的观测，试验卫星掌握了"看见脉冲星"的技术。在此基础上，它将探测26颗脉冲星，建立数据库，并初步形成宇宙中的导航网。

第三节
"天鲲一号" 新技术试验卫星

1 "鲲鹏展翅"

　　"鲲"是中国古代传说中长达几千米的大鱼。2017年3月3日，"天鲲一号"卫星在酒泉卫星发射中心发射升空，我国技术试验卫星又增加了新成员。与前面那些高精尖项目不同，"天鲲一号"卫星做试验，着眼于"小、快、灵"的卫星平台。

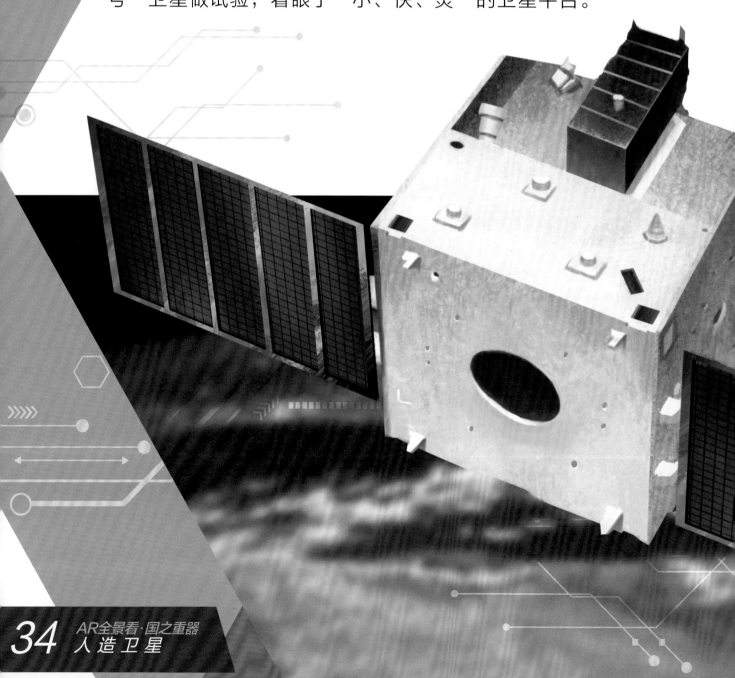

2 商业航天关键一枪

　　将来，民用航天事业将加速发展，会发射成百上千颗小型卫星，为各行各业提供服务。它们结构简单、结实耐用，需要大批量制造，大规模发射。

　　"天鲲一号"卫星的试验就是为建立新型卫星平台而做。这些平台体积小、功能全，而且会像汽车一样在流水线上制造出来，便利地搭运各种载荷飞向太空，特别适合抢险救灾这类高时效的任务。

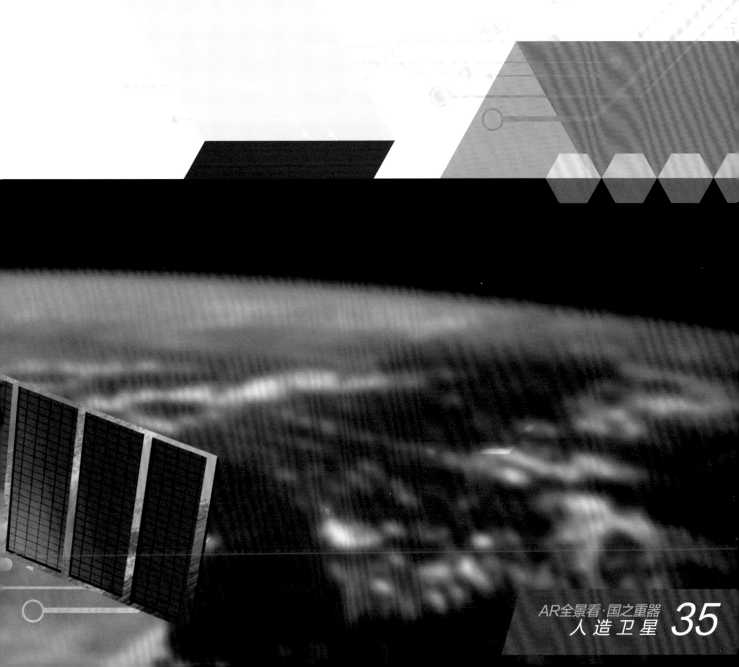

第四节
"张衡一号"电磁监测试验卫星

1 地震监测者"张衡一号"

2018年2月2日，"张衡一号"卫星从酒泉卫星发射中心成功升空。与前面提到的卫星不同，它身在太空，却关注地面。作为电磁监测试验卫星，它要对中国境内6级以上、全球范围7级以上的地震做电磁监测，希望能找到地震预测的新方法。

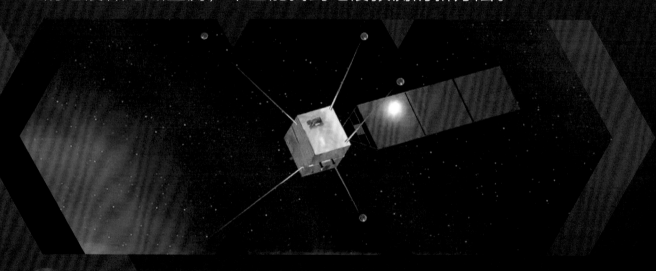

2 空间电磁扰动与地震

从地面60千米以上直到1000千米，是大气的电离层。大地深处发生变化时，会影响地球磁场，进而对电离层形成扰动。尤其是特大地震发生时，电离层的扰动更为明显。2011年日本大地震时，电离层就产生了显著变化。

观测这些变化，有利于发现地震的规律。虽然还无法真正预报地震，但是对提高地震预报的成功率已经有很大帮助。地面上很难全景式地连续、长期观测电离层变化。而很多卫星的轨道都在电离层内部，于是就产生了电磁监测卫星这个新品种。

3 太空中仅有的电磁监测卫星

在世界同类卫星中，"张衡一号"卫星载荷最多、精度最高，可以探测电离层中的高能带电粒子、等离子体，还有磁场和电场，从而间接感知地壳深处的变化。

由于同类卫星都已退役，"张衡一号"卫星目前是太空中仅有的电磁监测卫星。它可以对整个地球进行三维的物理场动态监测。作为系列计划，"一号"后面还有二到五号，将组成全方位电离层观测网。

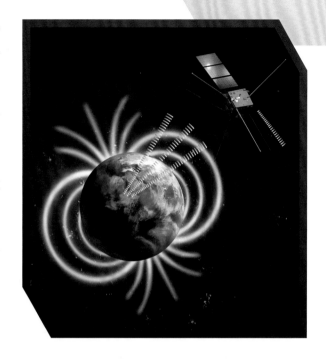

知识点

为什么取名"张衡一号"

张衡是距今约2000年前中国东汉时期的科学家。据史料记载，他制作的地动仪可以被地震波所触动，借此来感知远方发生的地震，为救灾决策提供信号。他发明的浑天仪也是重要的天文观测工具。

以"张衡"来命名我国首颗电磁监测试验卫星，既是为了纪念他的伟大功绩，也是为了表明人类科学事业前赴后继，每代人都会站在前人肩膀上向高处攀登。

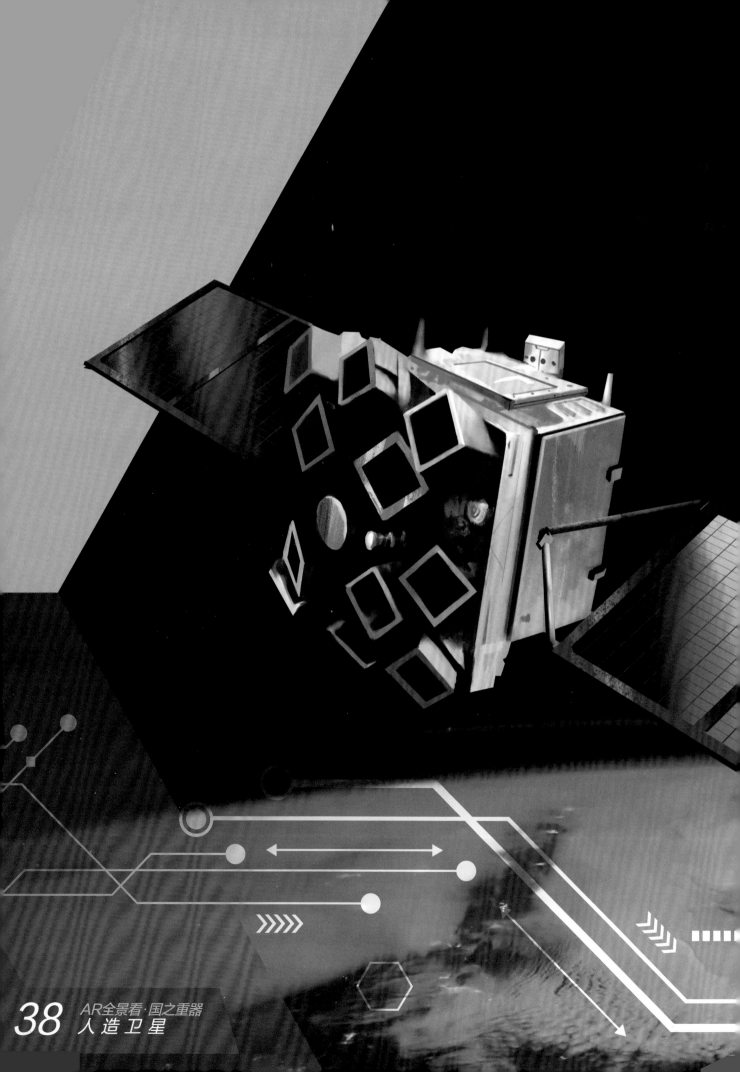

AR全景看·国之重器
人 造 卫 星

经过几代人的努力，中国在轨卫星数量已经位居世界第二，发射数量还在攀升，各领域形成的新技术也不断被运用到卫星上。

如今，我国正在陆续填补太空科研的空白，在某些空间科学领域已经达到世界先进水平。而经济积累也为科研提供了雄厚财力，给新卫星的研制打下了物质基础。展望未来，我们将会依靠新卫星，获得引领人类进步的新发现。

第一节

空间科学"先导专项二期"正式启动

有"一"便有"二"，2018年7月4日，空间科学"先导专项二期"正式启动。该计划要在5年内发射5颗卫星，将视野从地球的周边，投向宇宙和生命起源与演化以及太阳系与人类的关系这些前沿课题，在相关领域补齐中国空间科学的短板。

空间科学"先导专项二期"里面包含了许多与我们生活息息相关的内容，如"对地球磁层进行整体的成像观测""首次展开全球水循环关键多要素、高精度、同时相的综合观测""探测太阳爆发、预报空间天气"等。相信大家对这些研究内容一定会有浓厚的兴趣。

第二节

继续探索宇宙和生命的奥秘

空间科学"先导专项二期"的首颗卫星叫作"爱因斯坦探针"，通过记录宇宙中的软X射线，观测那些瞬间发生的剧变，如超新星爆发、中子星合并、黑洞潮汐瓦解等。这些变化短到只有数秒，一经发现就要立刻跟踪观察。灵敏的"探针"将实现这个目标。

把目光转向太阳，空间科学"先导专项二期"将发射我国首颗太阳专用观测卫星，名叫"先进天基太阳天文台"。它的任务是观测太阳磁场、耀斑和日冕抛射，这些都会对太阳周围空间，包括地球产生强烈影响。卫星将在太阳活动的周峰时入轨作业。

每时每刻，地球磁场都在对抗太阳风，为生命撑起保护伞。空间科学"先导专项二期"中有颗卫星将记录这场永不停止的战斗，它叫"太阳风—磁层相互作用全景成像卫星"。入轨后，它会对地球向阳面的磁场作全球成像，为磁层和极光拍照。

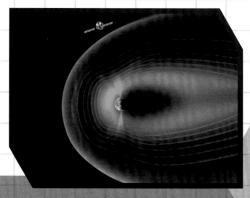